古代火箭

◎ 主编　金开诚

◎ 编著　王忠强

吉林出版集团有限责任公司

吉林文史出版社

图书在版编目（CIP）数据

古代火箭／王忠强编著. —长春：
吉林出版集团有限责任公司，2011.4（2023.4重印）
ISBN 978-7-5463-4985-5

Ⅰ.①古… Ⅱ.①王… Ⅲ.①火箭－技术史－中国－
古代 Ⅳ.①E927-092

中国版本图书馆CIP数据核字(2011)第053388号

古代火箭

GUDAI HUOJIAN

主编／金开诚 编著／王忠强
项目负责／崔博华 责任编辑／崔博华 王凤翎
责任校对／王凤翎 装帧设计／李岩冰 刘大昕
出版发行／吉林出版集团有限责任公司 吉林文史出版社
地址／长春市福祉大路5788号 邮编／130000
印刷／天津市天玺印务有限公司
版次／2011年4月第1版 2023年4月第5次印刷
开本／660mm×915mm 1/16
印张／9 字数／30千
书号／ISBN 978-7-5463-4985-5
定价／34.80元

前 言

　　文化是一种社会现象，是人类物质文明和精神文明有机融合的产物；同时又是一种历史现象，是社会的历史沉积。当今世界，随着经济全球化进程的加快，人们也越来越重视本民族的文化。我们只有加强对本民族文化的继承和创新，才能更好地弘扬民族精神，增强民族凝聚力。历史经验告诉我们，任何一个民族要想屹立于世界民族之林，必须具有自尊、自信、自强的民族意识。文化是维系一个民族生存和发展的强大动力。一个民族的存在依赖文化，文化的解体就是一个民族的消亡。

　　随着我国综合国力的日益强大，广大民众对重塑民族自尊心和自豪感的愿望日益迫切。作为民族大家庭中的一员，将源远流长、博大精深的中国文化继承并传播给广大群众，特别是青年一代，是我们出版人义不容辞的责任。

　　本套丛书是由吉林文史出版社和吉林出版集团有限责任公司组织国内知名专家学者编写的一套旨在传播中华五千年优秀传统文化，提高全民文化修养的大型知识读本。该书在深入挖掘和整理中华优秀传统文化成果的同时，结合社会发展，注入了时代精神。书中优美生动的文字、简明通俗的语言、图文并茂的形式，把中国文化中的物态文化、制度文化、行为文化、精神文化等知识要点全面展示给读者。点点滴滴的文化知识仿佛颗颗繁星，组成了灿烂辉煌的中国文化的天穹。

　　希望本书能为弘扬中华五千年优秀传统文化、增强各民族团结、构建社会主义和谐社会尽一份绵薄之力，也坚信我们的中华民族一定能够早日实现伟大复兴！

目录

一、火药的发明与应用

(一) 火药的起源

古代火药是以硝石、硫磺、木炭或其他可燃物为主要成分，点火后能速燃或爆炸的混合物。火药是中国古代四大发明之一，因硝石、硫磺等在中国古代都是药物，混合后易点火并猛烈燃烧，故称为火药。现代黑火药就是由中国古代火药发展而来的。火药是人类掌握的第一种

爆炸物，对于世界文明的进步产生了不可估量的影响。

火药不是历史上个别人物的发明，它起源于中国古代的炼丹术。从认识硝、硫的性质，将其提纯和精制，发现起火现象，到应用于军事，经历了一个漫长的历史过程。早在汉代以前，硝石、硫磺作为金石药物已为人们所知。在秦汉之际成书的《神农本草经》中记述硝石炼后成膏状，硫磺能化金银铜铁，说明当时已做过火炼硝石的试验，对硝石和硫磺的性质

已有初步认识。西汉时，医药学家还积累
了辨别和提纯硝石、硫磺的经验，因为这
些药要由患者口服，需清除杂质以消除或
减少药物的毒性及副作用。其中硝石的
精制尤为关键，其在猛火加热下发生爆
炸的现象使硝石成为火药的关键原料。

　　在火药发明的过程中，炼丹家的作
用特别重要。古代火药的主要成分是
硝石和硫磺以及硫磺的砷化物，都是炼
丹术中常用的药物。在西汉末东汉初的

炼丹书《三十六水法》中，有名为"硫磺水""雄黄水""雌黄水"的单方，用硝石与硫磺、雄黄和雌黄在竹筒中以水法共炼。东晋时，炼丹家葛洪在他的著作《抱朴子内篇·仙药》中，有以硝石、玄胴肠、松脂三物炼雄黄的记载。经实验证明：当硝石量小时，三物炼雄黄能得到砒霜及单质砷；而当硝石比例大时，猛火加热，能发生爆炸。

隋末唐初医学家、炼丹家孙思邈，史称药王。《孙真人丹经》相传是孙思邈所撰，其中记载多种"伏火"的方法。"伏火硫磺法"如下："硫磺硝石各二两，令研。右用销银锅或砂罐子入上件药在内，掘一地坑，放锅子在坑内，与地平，四周却以土填实。

将皂角子不蛀者三个，烧令存性，以钤逐个人之。候出尽焰，即就口上着生熟炭三斤，簇煅之。候炭消三分之一，即去余火不用。冷取之，即伏火矣。"唐元和三年（808年），炼丹家清虚子在其所著《太上圣祖金丹秘诀》中记载有将硫磺伏火的方法："硫六两，硝二两，马兜铃三钱半。右为末，拌匀。掘坑人药于罐内，与地平，将熟火一块，弹子大，下放里面。烟渐起，以湿纸四五重盖，用方砖两片捺，以

土冢之，候冷取出。"

这类伏火之法，虽然炼丹家的原意是为了使硫磺改性，避免燃烧爆炸，以达到炼丹的目的。但多次的失败使他们认识到，上述丹方中含有硝石、硫磺和"烧令存性"（即炭化）的皂角子或马兜铃粉，三者混合具有燃烧爆炸的性能。炼丹家正是通过他们的长期实践，才发现硝石、硫磺和木炭等混合物的爆炸性能，而这种混合物就是原始的黑色火药，因此至迟在中唐时期，含硝、硫、炭三种成分的火药已经在中国诞生。

在中唐时期成书的《真元妙道要略》中有明确的记载："有以硫磺、雄黄合硝石并蜜烧之，焰起烧手面及烬屋舍者。"以及："硝石宜佐诸药，多则败药，生者不可合三黄等烧，立见祸事。"三黄是指硫磺、雄黄和雌黄。以上正是唐代及唐代以前炼丹家在发明火药的过程中，对这类丹方燃烧爆炸性能的经验总结。晚唐五代时期，火药从炼丹家的丹房里传入军事家手中，原始火药也由此而逐渐进入军事应用的新阶段。

（二）火箭的前身——烟火

原始火药燃烧现象在中国至迟在9世纪已被观察并记录下来，而10世纪时用火药制成的纵火箭、蒺藜火球、毒药烟球等武器，已用作攻守利器。随着火药配方和制造技术的进步，12世纪初研制出固体火药，并把它小批量地用于制造娱乐用烟火。烟火的发展又导致反作用装置的出现，即所谓"起火"，把起火再用于军事，就成了早期的火箭。并不是先有火箭，后有烟火；而是先有烟火，后有火箭。因此，可以说烟火是火箭的前身。就

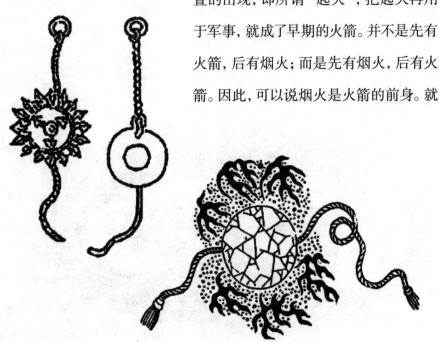

整个火器而言，应该说是先用于军事，后用于娱乐。而就火箭而言，则是先用于娱乐，后用于军事。

　　所谓烟火和爆仗，指的是在用多层纸卷成的纸筒内放置固体火药及辅助剂，接以药线，点燃后产生光、色、音响和运动等效果的娱乐品。多用于节日、喜庆日或各种仪式中，这种习俗在中国保留至今。爆仗主要是产生音响，又名纸炮、炮仗和爆竹，分为单响及双响两种。将许多小型爆仗用药线串联起来叫"鞭炮"，点燃后会连续作响。"爆仗""爆竹"之名在火药发明前已有，但指的是不同的东西，不可混淆。托名东方朔（公元前154年—公元前93年）所作《神异经》中曾指出："有山臊恶鬼，人犯之不吉。故于火中烧竹，发出爆裂之声，用以驱邪。"南北朝时期的梁朝（502—557年）人宗懔在《荆楚岁时记》中引《神异经》云："正月一日，鸡鸣而起，先于庭前爆竹，以避山

臊恶鬼。"可见早期爆竹是指用火燎竹，以驱恶邪。这种习俗在隋唐时仍是如此。如张说（667—730年）《岳州守岁》诗云："桃枝堪辟恶，爆竹好惊眠。"北宋以后，以火药代之，故虽用"爆仗"或"爆竹"之名，实质则异。

烟火又名焰火、烟花，或简称为花，可从花筒中喷出各色烟雾或变幻出各种景象，可单枚点放，亦可将多枚串联后点放。还有将烟火与爆仗混合串联，搭在高架上点放的,除发出色烟、声响外,还能显示出各种景象或戏曲形象。所谓"药发傀儡"即指此,这种娱乐品兴盛于宋代。"烟火"一词,古已有之,但含义另有所指。如《史记·律书》:"鸣鸡吠狗,烟火万里。"指炊烟,转义为住户。《汉书·匈奴传》:"北边自宣帝(公元前73年—公元前49年)以来,数世不见烟火之警。"指边塞烽火之警。又如道家称辟谷修道为不食烟火食,此指熟食。这里再次遇到古文中一词数指之例。如不予以区分,便易导致概念混乱。这是研究火器史时经常要注意的。

由于概念混乱,故对于烟火、爆仗的起源,早期文献多有误解。宋人高承在《事物纪原》中云:"魏(220—265年)马钧制爆仗,隋炀帝(569—618年)益以火药为杂戏。"此说法似乎早了些。明人方以智在《物理小识》卷八中认为烟火起于唐代(618—907年),此说缺少可靠的文

献证据。北宋初火药被实际应用后，有了制造这类"危险玩具"的技术背景，烟花便成为节日时的重要娱乐用品。北宋本草学家寇宗奭的《本草衍义》写道："硝石，是再煎炼时已取讫芒硝，凝结在下如石者……惟能发烟火。"南宋初绍兴年间（1131—1162年），任内府枢密院编修的王铚在《杂纂续》中列举了许多使人又喜又惧的事，其中包括"小儿放纸炮"。

曾于北宋年间居住在都城汴京（开封府）的孟元老，在1147年写成《东京梦华录》（1187年刊）以追忆往事，提到军士百人在御前表演百戏（杂技），同时燃放烟火和爆仗。他在该书卷七《驾登宝津楼诸军呈百戏》一节中绘声绘色地描写了表演杂技的军士化装成各种模样，手持武器和盾牌出阵对舞，"忽作一声霹雳，谓之爆仗。则蛮牌者引退，烟火大起……或就地放烟火之类，又一声爆仗，乐部动拜新月慢曲，有面涂青绿戴面具

金睛……又爆仗一声，有假面长髯、展裹绿袍靴筒如钟馗像者……"这里，孟元老既提到烟火，又提到爆仗，显系指火药杂戏而言。冯家升认为孟元老所述的汴京烟火不是由火药制成，而是由火纸扇松香时造成的烟火，此说值得商榷。如由松香借火纸点燃，何以能发出霹雳巨响？何况孟元老清楚提到使用"爆仗"，当时汴京制造的烟火、爆仗，并非用松香，而是用固体火药为原料。至于"假面钟馗"，也是烟火杂戏的表演项目，一直流传到近代。

南宋时，任绍兴府通判的施宿，在《嘉泰会稽志》（1202年）中记载："除夕爆竹相闻，亦或以硫磺作爆药，声尤震惊，谓之爆仗。"这与孟元老讲的是同一物，但爆药成分中除硫磺外，还应有硝石和木炭，此处被漏记。南宋人耐得翁在《都城纪胜》（1235年）中专追记临安（今杭州）琐事，在《瓦合众伎》节内介绍各种杂技、曲艺、杂剧和杂手工艺，其中包括"烧烟火，放爆竹，火戏儿"。比此书成书更早的由笔名为西湖老人写的《繁盛录》中也提到："多有后生于霍山杭州之侧，放五色烟火，放爆竹。"显然也是指由火药制成的玩具。《繁盛录》无成书年款，但书中有"庆元间（1195—1200年）油钱每斤不过一百"之语，则知作者于宁宗（1195—1224年在位）时在世，其书当成于1200—1230年间。南宋钱塘人吴自牧在《梦粱录》第六卷《十二月》条中写道："又有市爆仗、成架烟火之类""成架烟火"就是将多种烟火串联在一起置于高架上点放的大型烟火。同卷《除夜》条还有"是夜，禁中爆竹篙呼，闻于街巷……烟火、屏风诸般事件爆竹……声震如雷"的记述。可见，在宋代，用火药制作的爆竹已开始普遍使用。10世纪后，关于试制和试验火药兵器的记载已屡见于文献。

二、中国古代火箭之路

古代中国，"火箭"一词，最早见于《三国志·魏明帝纪》注引《魏略》。魏太和二年（228年），蜀国诸葛亮出兵攻打陈仓（今陕西省宝鸡市东），魏守将郝昭"以火箭逆射其云梯，梯然，梯上人皆烧死"。但当时的"火箭"，只是在箭杆靠近箭头处绑缚浸满油脂的麻布等易燃物，点燃后用弓弩发射出去，用以纵火。火药发明后，上述易燃物被燃烧性能更好的

火药所取代，出现了火药箭。靠火药燃气反作用力飞行的火箭问世后，仍沿用这一名称，但其含义已根本不同。

（一）宋、金、元时期的火箭

北宋（960—1127年）是火药和火器用之于军事目的的较早时期。在这以前，五代（907—960年）末期可能有的地区已有了军用火药，并制出初期的火器。北宋初期，由于作战的需要，对兵器制造极为

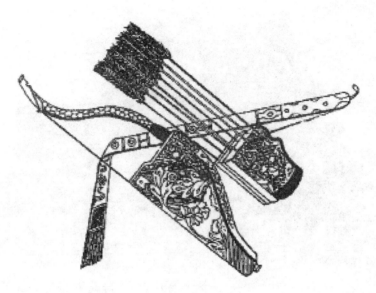

重视。除常规武器外，这时的火器主要是靠弓弩发射的火药纵火箭和靠抛石机投出的各类火球（火药包）。并设"广备攻城作"，管理火药、猛火油等十一个作坊。宋初的统治者，有时亲自观看纵火箭的演放。但1127年北宋亡于金，因此汴京等地的火药、火器作坊和工匠为金所有，并反过来用火药攻打南宋。蒙古政权于1206年建立后，先后灭西辽和西夏，进而南下攻金，于1153年占领金中都（今北京）。金被迫迁都南京（即北宋的汴京，

今河南开封）。自此蒙古军也掌握了火器。

1128年，南宋政权建立于临安（今浙江杭州），中国境内除吐蕃（今西藏）、大理（今云南境内）外，主要是南宋、金和蒙古三个政权经常相互交战，并且彼此都使用火器。因而在十二、十三世纪的中国一些主要战场上，总是硝烟弥漫、火光冲天、响声震耳。根据史料记载，1161年，金主完颜亮率水军在采石镇（今安徽省当涂北）附近的长江江面上与南宋大将虞允文指挥的水军发生激战。完颜亮在岸北以小红旗指挥先行抢渡入江的金军，准备次第渡江攻占采石，再挥兵趋建康府（今南京）。不料采石的军民在虞允文的指挥下，奋力应战。宋军虽只有一万八千人，在人数上居寡势，但他们善于水战，又掌握有桨轮战船和先进的火器"霹雳炮"。他们首先将抵至南岸的金船七十艘拦腰切断，用轻快战船"海鳅"冲至敌舟，使其沉没。又出动藏于中流的精兵从上流攻向金军。宋军从船上发射霹雳炮，使对方伤亡很大。这种武器由纸筒做成，内置发射药和爆药，并混有石灰屑。点燃药线后，发射药燃烧喷出火焰，借反作用推力将武器射向敌舟。然后发射药引燃爆药，发出巨响，纸筒炸裂而石灰散为烟雾，使金军睁不开眼。宋军趁乱火烧其余金船，并射杀其有生力量，取得采石大捷。霹雳炮飞向空中，下落到江面时，甚至还可在水面上爆炸，实际上是火

箭弹。

完颜亮失败后，又从另路攻宋的水军，由工部尚书苏保衡率领，企图从海路攻打南宋都城临安。但他们在山东密州胶西县陈家岛（今胶州湾）又被宋将李宝军击败。李宝，河北人，早年为岳飞（1103—1142年）部下，屡建战功。1161年任浙西路马步军副总管，率战船一百二十艘，射手三千人，抗击金水军。途中援救了被金军困在海州的魏胜抗金义兵，并与山东义军取得联系，再从海上进军到

密州胶西县。当得知金军不习惯水战的
情报后，及时发动进攻。逼近金船后，李
宝所部突然鼓噪而进，金军失措。"宝命
火箭射之，烟焰随发，延烧数百艘"。金
船大半起火被焚，少数幸免于火的金船，
也由跃上船头的宋军以短兵击刺。金军
中汉人脱甲而降者三千多人，主帅苏保衡
只身逃离，金舰队被全歼。魏胜攻克海州
后，又增加了金军的后顾之忧。这时金内
部发生宫廷政变，东京留守完颜雍自立
为帝（世宗），废完颜亮。完颜亮进扬州，

为部下所杀。

金军在与宋军多次交战中，由于受火箭袭击而遭溃败，因而决心掌握这种武器技术，并以这种武器对付敌军。1232年4月，蒙古将领速不台受大汗窝阔台（世宗）之命，率部围攻金都（开封府）。守城军民奋战十六昼夜，金将赤盏合喜以铁制炸弹（"震天雷"和"飞火枪"）袭击蒙古军，使其畏惧。速不台不得不暂时退兵。1233年，金归德府守将蒲察官奴又

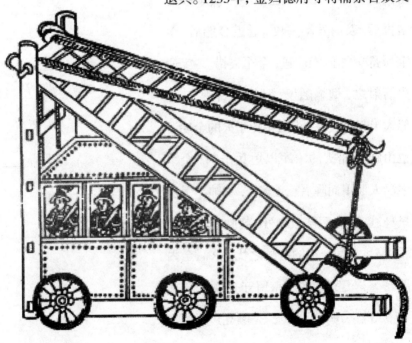

率忠孝军，分乘战船出发，趁夜捕杀蒙古守堤巡逻兵，偷渡至蒙古军在王家寺的大营。所谓忠孝军，是依附于金的各族部队，包括回纥、乃蛮、羌、浑和中原的汉人，作战英勇。初由金定远大将军完颜陈和尚（名彝，1192—1232年）统率，成为抗蒙的一支劲旅。蒲察官奴将忠孝军分成若干小队，持飞火枪夜袭蒙古大营。由于蒙古军腹背受敌，仓皇间溃败，溺水死者三千五百余人。官奴尽焚其寨，取得一次胜利，这是文献明确记载的火箭攻击战。

1233年，金都城久困后终被攻陷，速不台率蒙古军入城。最初，窝阔台（1186—

1241年）听从中书令耶律楚材（1190—
1244年）的建议，弃屠城旧制。楚材说：
"凡弓矢甲仗金玉等匠及官民富贵之
家，皆聚此城中。杀之则一无所得，是徒
劳也。"又说："所争者，土地与人民耳。
得地无民，将焉用之？"因诏从其议。除
完颜一族外，余皆得免。因而开封府内
制造火器（包括火箭）的技工尽为蒙古
所有。蒙古军掌握火箭等火器后，其军
事装备为之一新。1234年，南宋与蒙古合
攻金的最后据点——蔡州，金灭亡。此

后，蒙古便竭尽全力于西征和灭宋两项目标。火箭技术也就被传入了欧洲。

　　元代版图很大，但统治时间并不长。由于阶级压迫和民族压迫深重，各地不断爆发抗元斗争。元末至正年间（1341—1368年），农民起义的规模最大，而元军在镇压群众起义时，也动用了火箭。1351年湖北罗田人徐寿辉聚众破蕲州、黄州，将士头戴红巾，号称"红巾军"。红巾军于1352年攻下武昌，再分兵取江西、湖南等

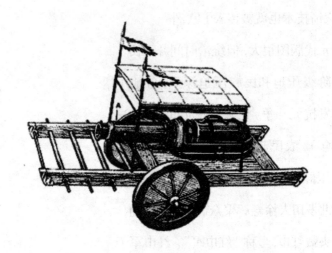

地。当徐寿辉部乘数千艘船顺流至九江攻城时，元总管李枷督军守备，以木桩封锁江面，更发火箭向红巾军战船射之，使义军受到损失。1353年，徐寿辉率部从江西向浙江进发，攻下杭州，1355年称帝后迁都汉阳。与此同时，其他各地起义也接踵而起。

徐寿辉率众起义后，1352年，泰州盐贩张士诚（1321—1367年）及其弟士德、士信也率盐丁起兵，五月攻下高邮，屯兵于东门。时元将纳苏喇鼎麾兵挫其锋，张士诚部卒鼓噪应战，元兵"乃发火箭火镞射之，死者蔽流而下"。不久，张士诚另路援军赶到，元兵不能支，主将纳苏喇鼎战死，遂溃不成军。次年，张士诚以高邮为都，自称诚王，国号大周，建元天赫。此后，更渡江攻下常熟、湖州、松江、常州等地。1356年，张士诚又定都平江（今江苏省苏州）。1352年元将纳苏喇鼎攻张士诚时用的"火镞"就是火箭，而"火箭"指喷火筒。元兵溃败后，这些武器又为张士诚部所有。因而在元代，除官兵外，农民义军也掌握了火箭武器。

（二）明代的火箭

元末的农民起义动摇了元代的统治。原来属于郭子兴部红巾军属下的朱元璋夺取了农民起义的果实，在排除异己后，于1367年出兵北伐，1368年即位，国号为明（1368—1644年），建元洪武

（1368—1398年），定都南京。明太祖朱元璋在推翻元代统治和统一中国的斗争中，也是多以火器取胜。前述元末徐寿辉的红巾军建都汉阳后，1357年其部将明玉珍率军入蜀称帝，国号大齐。洪武四年（1371年），朱元璋令汤和、周德兴、廖永忠率水军攻齐，蜀齐以长江三峡之天险抗击。1371年，廖永忠至夔州，欲攻瞿塘关，时蜀平章邹兴设铁索飞桥横据关口，桥上安置火炮，且值长江水涨。廖永忠不得正面进攻，乃命壮士操小舟偷渡

上游，趁夜水陆兼行，以铁包船头，置火器向前。先破陆寨，再由上流水军夹击水寨，"发火炮、火筒夹攻，大破之。邹兴中火箭死"。遂焚桥断索，长驱直入。在这次瞿塘关战役中，明将廖永忠水陆军并进，以火炮、喷火筒和火箭兼用的迂回夹击战术，取得成效。

1388年，明初大将沐英（1345—1392年）奉命率兵入滇，思伦发聚众三十万，战象百余，至定边（今云南蒙化县南）邀战。沐英选骁骑三万，昼夜兼行应战，"乃下令军中，置火铳、神机箭为三行，列阵中。俟象进，则前行铣箭俱发；不退，则次行继之；又不退，则三行继之。"明代江东人顾少轩著《皇明将略·沐英传》记载，在此次对付象战的过程中，沐英部属"火箭、铣、炮连发不绝"。在火力和巨响之下，象群惊走或被矢而死，思伦发败阵而遁。这次定边战役也是以火箭与火铣、火炮齐发而奏效的。

明代火箭是直接继承宋、金、元火箭而发展起来的，它在明初朱元璋各地用兵的过程中就用之战场上了，此后又有许多新的改进和技术上的突破。明太祖及其继承者都很重视包括火箭在内的火

器，称为"神器"，下令督造并装备于马、步、水军等常备军中。明代军制至成祖永乐时（1403—1424年）更为完备，设火药局制造各种火药，兵仗局和军器局则司制造各种火器，而神机营则操练军士使用火器，内库负责储存武器。这些机构由内臣掌握，禁止泄露技术机密，京外卫所不得擅自制造。

明代中、晚期，由于沿海倭寇滋扰和北方清兵的南下进袭，使明廷统治者特别注意火器生产。明中叶以后，朝政纲纪不振，火器技术逐步外流，因而出现不少这类兵书，为研究火药和火箭技术提供了丰富资料。例如，《火龙经》、唐顺之的《武编》、戚继光的《纪效新书》、赵士祯的《神器谱》、王鸣鹤的《登坛必究》、李盘的《金汤借箸十二筹》、何汝宾的《兵录》、茅元仪的《武备志》和焦勖的《火攻挈要》等书，都论及火药、火箭、火炮等火器，并有插图。虽然火箭已在

宋、金、元时用之于实战，但关于火箭技术拥有明确而详细的记载和图样，还是从明代开始的。

根据这些明代兵书的记载，明代火箭达几十种之多，其中有战时用的军用火箭、信号火箭，也有民间用的娱乐火箭。在军用火箭中，大体上可分为四大类：单飞火箭、集束火箭、火箭弹和多级火箭。单飞火箭是单个的一支火箭，导杆上端附有铁箭链，有时铁上涂以虎药（毒药），导杆下端有羽翎制成的尾翼，尾翼下有小的铁锤。安装尾翼、铁锤可以使火箭飞行平稳，并控制飞行方向。单飞火箭是最基本的常用火箭，所有其他种类的火箭都是在它的基础上发展起来的。集束火箭是为了提高单飞火箭的命中率并加强其火力集中而设计出来的。将许多支单飞火箭用一根总药线串联起来，并排放在筒里或盒子里，点燃总药线后，所有这些单飞火箭迅即同时向同一方向发射出

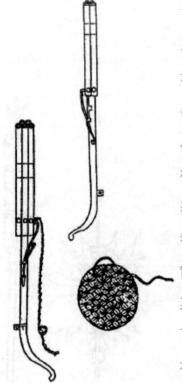

去。在敌方有生力量或粮草集中的地方，集束火箭的密集袭击能构成严重威胁。火箭弹是在火箭筒上附有炸药、毒剂，当火箭筒发射到敌方后，发射药引燃炸药，爆炸后发出震耳的响声，并散出火焰、烟雾或毒剂。多级火箭是为增加火箭射程而设计的，将两个以上单飞火箭首尾相连，可达到单飞火箭无法达到的距离。多级火箭是明代火箭技术的重大成就。在上述四大类火箭中，每一大类又可细分为许多种。

（三）清代的火箭

　　明末，以李自成（1606—1645年）为首的农民军声势浩大，终于在1644年推翻了明朝，李自成在北京建立大顺政权。但未及巩固，山海关握有重兵的明将吴三桂（1612—1678年）勾结满族贵族势力攻打大顺，使义军遭到失败。清世祖福临在汉族大地主势力支持下率军于1644年进入北京，建立了清王朝。清代统治二百六十七年，是中国历史上最后一个封建王朝，也是古代火箭史上最后一个发展阶段。清代火箭发展的特征有两个：一是明代以来的传统火箭技术在这时得到继续发展和改进；二是道光年间（1821—1850年）以后，从欧美引进了西方新式火箭，从而过渡到火箭史的近代阶段。

　　清兵的武器装备技术最初是落后的，但在与明军的历次交战中，缴获了许多先进的火器，又俘虏、诱降一些汉军和

技术工匠为清兵制造各种火器，从而一改旧观。在与明军交战的战场上，清统治者目睹火炮、火枪和火箭等火器的威力，因而对这类武器的制造和使用给予了很大的重视。早在天聪五年（明崇祯四年，1631年），皇太极就下令铸造红夷火炮，命汉军以火器攻打凌河（今辽宁省锦州附近）。1631年大凌河战役中，清兵用火炮和火箭向明军发动了攻势。据魏源

（1794—1857年）《开国龙兴记》所述，当时明总兵吴襄（？—1644年）率部渡小凌河与清兵应战。清兵则直趋吴襄大营东，"发大炮、火箭攻之。时黑云起，风从西来，襄军乘势纵火将逼我（清）阵。忽大雨反风，襄营毁，先走"。实际上，在这次战役中双方都动用了火炮和火箭，但战局的发展使明军失利。1634年，守卫鹿岛的明副将尚可喜率部降清，其随军火器尽为清兵所有。

清代开国后的第二个皇帝玄烨（1654—1722年）即康熙帝，也特别重视火器。在他铲平"三藩"割据、统一中国和抗击沙俄侵略的过程中，他所统率的骑兵和军中火器也助力不小。康熙中期以后，战事较少，旧史称为"盛世"，火箭技术被用作娱乐表演。根据当时在华的法国传教士张诚的记载，康熙二十九年（1690年），上召张诚等至畅春园，还观赏了火箭表演。张诚写道："晚上我们去观看焰火。焰火架设在皇后寝宫的对面。皇上带领各位皇子亲临观赏……焰火没有特殊之处，可观的只有火炮连环点燃的一串灯盏，腾空而起，光焰耀目，犹如许多流星。这是樟脑制成的……第一支火箭在皇上到场之前发射，他们说这支火箭是他（皇上）亲自点燃的。这支火箭像射离弓弦的急箭

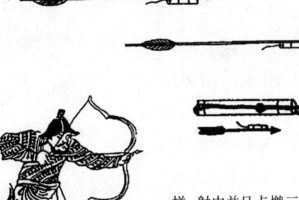

一样，射中并且点燃三四十步以外的另一架焰火。这架焰火又飞蹿出第二支火箭，触发第三架焰火，射出第三支火箭。几架焰火犹如机器，连环发射。"这里提到的靠火箭连环发射的焰火虽非军用，但反映出清代火箭技术的进步。

康熙、乾隆在位的二百年间，由于战事较少，史书关于使用军事火箭的记载亦不多。但魏源的《征缅甸记》记载说，乾隆二十年（1755年）缅军一度进入车里地区，朝廷谕大学士杨应琚率军以连环炮和缅军的象驼炮交战。1757年，经略傅恒领满、汉精锐数万，"京城之神机火器、河南之火箭、四川之九节铜炮、湖南之铁鹿子……皆刻期云集"，在大金沙江展开一次激战。在这次战役中，清军使用了火炮、火枪和火箭等武器。乾隆年以后，继续制造火箭，贮于内库以备应用。像明代一样，清代也在京师设火器营，进行操练，后期更设火箭营。

道光年以后，西方资本主义国家入侵中国。1840—1842年，英国统治集团发动侵华的鸦片战争。英军以大炮和康格里夫型火箭袭击中国军民。中国军民为保家卫国，也以自己造的火炮和火箭还击。据《平海心筹》记载，1841年林福祥奉命督带水勇在广东抵抗英军，获三元里大捷。林福祥写道："他用大船，我用小船。他一艘大船，我用一百只小船，如蜂

如蚁，四面八方。我船上概不用炮，只用喷筒、火箭，一切补火器具，飞掉而进，使他应接不暇。"以及："小船四出，施放喷筒、火箭，抄后旁击为奇兵。"这就是林福祥胜敌的战术，要点是以许多小股队伍持喷火筒、火箭等轻型火器从四面八方袭击敌之大船。

据乾隆年间袁宫桂的《泮滫百金方》记载，清代火箭有从前代流传下来的单飞火箭九龙箭、一窝蜂和飞枪箭、飞刀箭、飞剑箭等。袁宫桂写道："火器约数百余种。然与其传博而圈效，不如少而致精。与其行吾所疑，不如行吾所明。故集中止取以上数种，足以备用而已。"清代其他火攻书所列火箭种类，都不及明人茅元仪的《武备志》，可见清代火箭是向少而精的方向发展的。

像明代一样，清代的火笼箭、九笼箭或一窝蜂，属于集束火箭。先用竹篾编成长四尺（132厘米）的竹笼，"口大尾小，纸糊油刷，以防风雨。内编横顺阁箭，竹口三节，旁留小眼，穿药线总内起火箭上。每筒装十七八支，或二十支"，点燃总药线后，筒内火箭齐发。一般用小火箭作集束火箭。

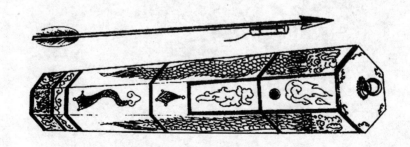

三、火箭类型的发展

火箭，其发展成就不可低估，可分单级和多级火箭两种类型。单级火箭又可分单发火箭、多发齐射火箭、多火药筒并联火箭、有翼火箭等。所谓单发火箭即一次发射一支箭，有流星箭、飞刀箭等。多发齐射火箭即一次发射几支、十几支乃至上百支箭，有五虎出穴箭、一窝蜂、百虎齐奔箭等。多火药筒并联火箭，就是装有两个或两个以上同时工作的火药筒的火箭，有二虎追羊箭、小一窝蜂等。有翼火箭就是火箭加翼，有飞空击贼震天雷炮、神火飞鸦箭等。多级火箭就是将两个或两个以上的火箭串联起来发射，如火龙出水、飞空砂筒等。同时，火箭的发射装置也有了很大发展，有架（发射架）、格（发射格）、筒（发射筒）和槽形发射器等数种。

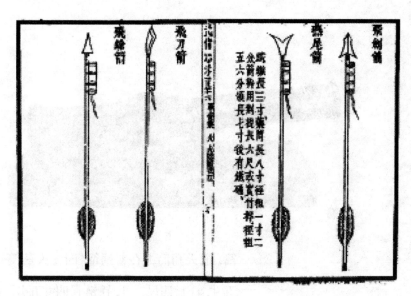

（一）单飞火箭

这类火箭发明比较早，自宋元火箭出现之后就一直延续，分为飞刀箭、飞枪箭、飞剑箭、燕尾箭等。《武备志》云："此即火箭之类，特以杆大身长、用链不同，异其名耳。"火药筒长八寸，径粗一寸二分；杆长六尺，径粗五六分。翎长七寸，箭头涂以虎药。这类大火箭射程为五百步，水陆兼用。实际上，这正是1232年使用的"飞火枪"的遗制。另有一种小型的火

箭，把火药筒绑在普通箭杆上，火药筒长五寸，杆长四尺二寸，铁链长四寸五分，上涂虎药。杆尾端铁坠长四分。这类小火箭射程为四百步左右。小型普通单飞火箭重量轻，携带方便，使用时机动灵活，为水陆攻守利器。《纪效新书》写道：如用于水战，则将火箭高射至敌船桅帆，则不可救。发射时，可将火箭放入竹桶中或有枝杈的架子上，点燃药线后迅即飞出。为提高发射命中率，除在制造时严守操作规范外，射手要掌握好方向和发射角度，而这必须靠平日操练。

飞刀箭、飞枪箭、飞剑箭、燕尾箭的

铁链分别为刀形、枪形、剑形或燕尾形，长三寸，上蘸毒药；药筒后有铁坠，径粗一寸二分；箭杆用荆棍或实心竹竿。发射时，射程可达五百余步，水陆战皆宜。

大筒火箭以粗六七分、长五尺的荆木做柄，末端做成三棱形箭。前端箭头用纸筒，内装火药形状似火箭，头长七寸、粗二寸。金属锋长五寸、阔一尺，其形状似剑或刀等。全箭总重约二斤多，点火发射，射程可达三百步。

后火药筒实际上是用火箭发射的燃烧弹，即送药筒后部装有燃烧体，其形制是："送药筒长五寸，外另卷纸，比送药筒加长一寸五分，送药筒打满而止，留此一寸五分，少加发药一匙，即将此纸置药上，药线分开四路，直透筒口，即用黄土一分隔之，方入后火药，以木杵稍实之，入满到口，以四药线头俱欺伏，药口用线纸二三层封固。"作战时，点燃送药筒药线，火箭射至目标，焚燃敌人篷帆或

营寨。

流星炮箭杆以小指粗的实竹做成，长四尺五寸，翎花长四寸五分，箭镞倒须有槽，上涂毒药，长二寸五分，脚长二寸；药筒长五寸，筒内装火药，后安放纸炮一个，长一寸八分，大小如药筒。发射后，箭可伤人，纸炮爆炸惊骇敌人。

（二）集束火箭

早期火箭多是由许多士兵各持单支火箭发射。从元代起，开始将许多支火箭

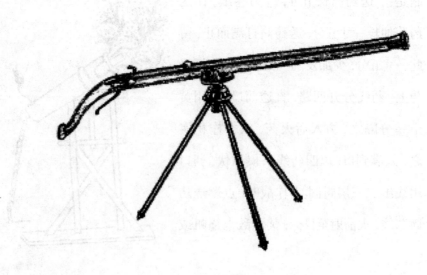

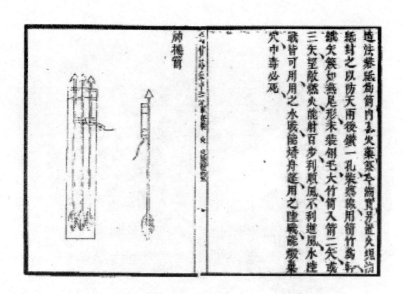

用总药线串联起来集束发射，到明代又有很大进步。使用集束火箭时，一名射手即可抵上以前许多射手所能造成的密集火力。

神机箭以矾纸做成筒，内装火药等物，再以油纸封好。筒后钻小孔，装入药线，绑缚于竹箭杆上。铁矢链如燕尾状，竹箭杆末端装翎毛，一个大竹筒内装两只或三只。临敌点燃，射程可达百步，适宜于水陆战。

火弩流星箭，竹筒长二尺五寸，柄长

二尺，筒内装火箭十支。作战时，点燃药信，众矢齐发，威力极大。

小竹筒箭竹筒内装短火箭十支，每支火箭药筒长一寸五分，箭长九寸，翎后有铁坠，总重约二斤。作战时，点燃药线，短箭齐发，射程可达二百余步。

火笼箭以竹篾编成筒，长四尺，口大尾小，然后以纸糊好并刷上油，再留一小孔用于穿药线，药线与火箭引信相连。每筒内装火箭十七八支或二十支，钢箭头涂毒药，主要用来焚烧敌人粮草、城楼、船只等物。

双飞火笼箭，做竹篾筐一个，长四尺二寸，围五尺，糊上厚纸并刷上油。火箭杆长四尺，链长一寸五分，翎上钉四寸长铁坠。笼内两头安装井字形架，火箭药线露出，总合成一条盘柱。作战时，一齐点火发射，威力很大。

五虎出穴箭，毛竹筒口用铁条分成井字形，内装火箭五支，每支火箭药筒长三寸，箭长二尺五寸，矢涂射虎毒药，翎后有铁坠。发射时，点燃引信，五支箭齐发，射程五百步。稍加变更尺寸，则成小五虎箭。

七筒箭，竹七根，长四尺，径粗八分，打通节，内外光净。火箭杆长四尺五寸，翎长四寸，药筒长四寸五分，径粗一寸二分，以黄土封后。箭链长二寸三分，四棱有槽，涂毒药。火箭装竹筒内，七筒捆为一处，引信总为一处。发射时，射程可达

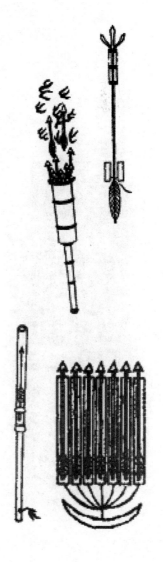

二百步。

四十九矢飞廉箭以篾编成圆形竹笼，约长四尺，外糊纸帛，内装四十九矢，矢链以薄铁做成，上蘸虎药；药筒以纸卷成，长二寸许。筒内前装烂火药、神火药，后装催火发药，绑缚于矢杆上。顺风向敌人发射，威力极大。

百虎齐奔箭匣内装百矢。一发百矢，射程可达三百步，每矢箭杆长一尺六寸，药筒长三寸，翎后有铁坠，矢镞涂虎药。顺风向敌人发射，威力极大。

群豹横奔箭匣内装神机箭四十支，每矢箭杆长二尺三寸，药筒长五寸，翎后加铁坠。匣内的架箭上格板眼孔稀疏，下格板眼孔紧密。因此，发射时四十矢俱发，横布数十丈，远达四百余步，故名群豹横奔箭。

长蛇破敌箭，木匣内装火箭三十支，每支杆长二尺九寸，药筒长四寸，铁镞涂虎药，每匣总重约五六斤。距敌二百步点发，威势毒烈，杀伤力极大。

群鹰逐兔箭，匣内两头各装火箭三十支，每支箭长一尺四寸，药筒长三寸，翎后有铁坠，铁镞涂射虎毒药，距敌百步外点火齐发，放尽一头，忽又以一头继之，杀伤力极大。

一窝蜂，木桶装神机箭三十二支，每支长四尺二寸，药筒长四寸，镞涂射虎毒药。这种"一窝蜂"对南北水陆战均适宜。作战时，将总线点燃，众矢齐发，势若雷霆，射程可达二百步外。据《明太宗实录》记载，建文二年（1400年），燕王朱棣与建文帝战于白沟河，曾使用过此种火箭。

虎头火牌，内安装火箭十支或二十支，每支火箭药筒长四寸，箭杆长二尺九寸。作战时，点燃药线，火箭齐发，水陆战皆宜。

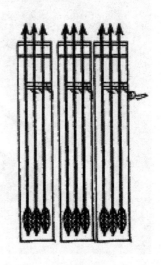

二虎追羊箭箭杆长五尺，前端一股三链，涂毒药；尾翎绑缚行火药二筒，链

后绑缚劣火药一筒；每只筒长四寸五分，径粗七分。发射时，先点燃行火药二筒。箭起飞后，劣火药又被点发。因此，箭镞既能伤人，劣火药筒点燃后又能焚烧敌营寨、房舍、船只等，射程达五百步。

小一窝蜂，枪长一丈二尺，纸筒每个长一尺三寸，厚四分，以生牛革包裹好，内装预先配制好的火药、生铁子、生铁棱角、火弹子等物。将两个纸筒绑缚于枪杆上，同时点燃两个纸筒的引信，火发三四丈，威力极大。

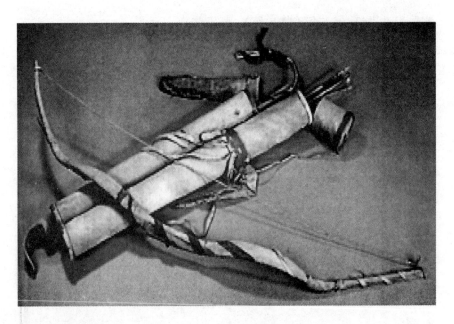

（三）火箭子弹

利用喷射火箭原理将炸弹投向敌方，早在南宋已用于实战，并收到成效。在明代，这种火箭武器得到进一步改善，常见的有神火飞鸦、飞空击贼震天雷炮和四十九矢飞廉箭等。

神火飞鸦以细竹篾或细芦和绵纸等物制成一斤余重的鸦身。鸦身内装满明火炸药等物，前后装头尾，旁安两翅，如鸦飞行状。身下斜钉四支起火（火箭），

以四根长尺许的药线穿入腹内炸药，药线并与玉起火相连，"扭总一处，临用先燃起火，飞远百余丈，将坠地，方着鸦身，火光遍野"，焚烧敌人营寨和船只。

飞空击贼震天雷炮为球状物，径三寸五分，也以竹条编成，内装纸制火药筒，筒长三寸，装以发射药，筒上部再装发药神烟，用药线接于筒内发射药。外以纸糊之，两旁安上辖风翅两扇，同时在腹内再放入涂有虎药的菱角数枚。"如攻城，顺风点信，直飞入城。待送药尽燃，至发药碎爆，烟飞雾障，迷目钻孔……风大去之则远，风小去之则近。破阵攻城甚妙"。这种武器的特点是先靠发射药借喷射原理将其送入空中，待发射药燃尽，又接着引燃装置内部的发药（即含发烟剂的炸药）。于是在爆炸声中烟雾四起，可以纵火、发烟、爆破，而其中有刺涂毒的菱角又具杀伤力，一物数用。这种武器实际上是用火箭运载的烟雾炸弹。

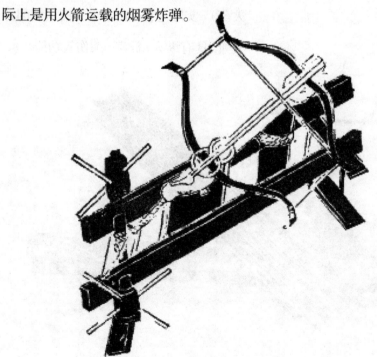

　　四十九矢飞廉箭是用竹条编为笼，长约四尺，外糊以纸帛，内放四十九支火箭。火药筒长二寸，箭链亦涂虎药。火药筒上部装砒霜、巴豆等毒剂，下装发射药。各枚火箭以一根总药线相连，顺风放去，势如飞蝗。"中则腐烂，挂篷则焚烧。贼心惊怖，且焚且溺，破之必矣。"这种火器的特点是同时发出四十九支火箭，发射药燃尽后，又引燃烂火药（含有毒剂的火药）。实际上它是由集束火箭运载的毒气弹，具有纵火、放毒、杀伤等功能。

(四) 多级火箭

火箭技术的最大成就，是研制成了多级火箭，这是火箭史上一项意义重大的技术突破。当前人用火箭装置将炸弹推向空中时，联想到用火箭装置再将另一枚火箭推向空中，从而使其继续飞行到更远的地方，这就成了多级火箭中的二级火箭。《武备志》载有两种二级火箭，一为火龙出水，二为飞空砂筒。

火龙出水将五尺长的毛竹去节削薄为龙身，前装木雕龙头，后装木雕龙尾。龙腹内安装神机火箭数支，药线总合一处。龙头两侧各装重一斤半的火药筒一个，龙尾两侧也同样各装火药筒一个，四筒的火药线总合一处。水战时，离水面三四尺，同时点燃头尾两侧的火箭，推动龙身飞行二三里远，如"火龙出于水面"。头尾火箭燃烧将尽时，龙腹内的火箭被药线引燃，从龙口冲出，继续飞向目

标,使敌方"人船俱焚"。火龙出水也同样适宜于陆战。

飞空砂筒首先以薄竹片一条做身,将两个起火交口颠倒绑在竹片前端,前起火筒向后,后起火筒向前。起火筒连竹片长七尺,粗一寸五分。然后以爆竹一个,长七寸,径粗七分,安放于前起火筒上,并装火药,再以三五层夹纸作圈,将爆竹和起火筒粘为一处。爆竹外圈装入加工过的细砂,并封糊严密,爆竹顶上再安倒须枪。"放时,先点前起火,用大毛竹作溜子,照敌放去,刺彼篷上,彼必齐救,信至爆烈,砂落伤目无救。向后起火发动,退回本营,敌人莫识"。简而言之,飞空砂筒由两个内盛发射药的起火构成,二者喷火口的位置正好相反。起火甲喷火口向下,借药线与一爆仗相连,爆仗内含炸药和细砂。再将爆仗与起火乙用药线连起,起火乙的喷火口向上,与起火甲喷火口方向相反。将上述两个起火与爆仗绑在一

起，构成整个装置。通过毛竹制成的"溜子气发射筒"点燃起火甲的药线，装置迅即飞向敌方，火信又引燃爆仗，在爆炸声中喷出砂子，迷敌眼目。爆仗爆炸后，又引燃起火乙，起火乙靠喷射推力又从敌方飞回到发射者一方，使敌人莫测。这可称为二级往复火箭，往返距离为单程火箭射程的两倍。可见古代人已有了发射火箭后再使其回收的思想。从原理上讲属于二级火箭，它的特点是第二级火箭与第一级火箭运行的方向相反，作逆行运动。

四、中国火箭的世界之路

一般来说，当一种先进技术在某个国家发明并推广后，总是不可避免地流传到周围还没有掌握这种技术的国家，然后再逐步扩展，从而构成人类的共同财富。这种技术转移过程，在人类文明史中起着重要的作用。国与国之间、地区与地区之间总是要进行经济和技术文化交流的，当某个国家的先进技术产品流传到其他国家后，常常促使其产生极大兴趣,于是便带来了这种技术的引进。

（一）火箭在阿拉伯的传播

1.中国和阿拉伯国家的交往

宋、金、元时期是中国火箭技术史中的早期发展阶段。那时,尤其是在蒙元时期,中国西部与阿拉伯相邻,双方有频繁的陆路与海路上的交往。火药和火箭技术就是在这时传入阿拉伯的。阿拉伯在地理位置上正好处于中国与欧洲之间,因此它能在中欧技术交流中起媒介作

用。事实上也正是如此，中国火药和火箭西传的第一站就是阿拉伯，再通过阿拉伯传到欧洲。

阿拉伯人原居住在阿拉伯半岛，多是游牧民族的一些部落。六七世纪之际，那里的经济发展使社会处于变革时期。阿拉伯国家在西亚、北非广大地区扩张领土，几十年内便建成横跨欧、亚、非三洲的庞大帝国。阿拉伯文化以其繁荣

的经济和科学技术为基础，逐渐发展成为中世纪一种发达的封建文化，对世界文化发展作出了自己的贡献。

中国和阿拉伯交往由来已久。公元前2世纪，西汉探险家张骞奉命出使西域，从首都长安（今西安）出发经陆路西行，到达中亚各国，打开了中西交通和贸易的通道，这就是历史上著名的"丝绸之路"。公元前126年，张骞回到长安，汇报了他中亚之行的有关见闻。《史记》一百二十三卷《大宛列传》称，在安息（即波斯，今伊朗）以西的条支国（或大益国），可能就是后来所说的大食。这是西域人最早对阿拉伯的称呼。

中阿两国东西相邻,同属当时世界上最强大的国家,有频繁的政治、经济和文化交流。《旧唐书》一百九十八卷《西域传》称:大食国在波斯之西,有摩诃末者,勇健多智,众立之为王。东西征伐,开地三千里。"永徽二年(651年)始遣使朝贡。其姓大食氏,名瞰密莫末腻。自云有国已三十四年,历三主矣",这是阿拉伯哈里发第一次派遣唐使的正式记录。651年正值唐高宗李治在位第二年和鄂斯曼在位第七年,人们通常把这一年当做中国和阿拉伯建立正式关系的年份。

当时中国与阿拉伯之间的交通是沿着陆路及海路两个通道进行的。陆路即

丝绸之路，从阿拉伯境内出发，经中亚东行到达唐代的陇右道（今新疆），再穿过沙漠至河西走廊（今甘肃）；向东南行，可直抵长安。主要交通工具是骡马和骆驼。海路则乘海舶从红海或波斯湾启程，经阿拉伯海绕道印度南端，取道马六甲海峡，再转向北到达广州或泉州等港。这两条路线行程均数万里，中途要克服自然环境造成的各种困难，有时要遇到人为的障碍（如盗匪），但古代中国人和阿拉伯人冲破这些艰难险阻，坚持相互

交流和往来，这是值得称道的。

由于海路贸易的发展，唐政府设互市监掌管对外贸易，并在广州、泉州、扬州等港设市舶司。不少阿拉伯人在中国居住，唐都长安的"西市"，集中住四千户"蕃客"，他们来自阿拉伯各地，在这里开店营业，与汉人通婚。沿海城市也是如此，他们聚居之处叫"蕃坊"。在阿拉伯首都巴格达，也有中国人聚居的地区，即唐人街。双方侨居者都通晓侨居国语言文字，这就为文化交流提供了方便条件。

宋、元以来，中国和阿拉伯继续保持着频繁的交往，但由于西夏和西辽的存在，陆上通道一度受阻，所以在宋代与阿拉伯的交通主要通过海路，双方都有船队往来于大洋之中。据朱彧《萍洲可谈》云，"海舶大者数百人，小者百余人"，随着频繁的大规模贸易的开展，总是伴随着科学文化的交流。宋、元时

期，阿拉伯境内有两个并立的政权，一是阿拔斯王朝，都于巴格达，中国史称黑衣大食。另一为倭马亚王朝，都于西班牙境内的哥尔多华，史称白衣大食。据《宋史》四百九十卷《大食传》所载，在966—1131年的165年间，阿拔斯王朝哈里发向中国遣使达26次。《宋会要辑稿》第一百九十七册《蕃夷之四》还记载1131年以后的几次大食遣使：1134年来广州，1136年及1168年来泉州。这些遣使都是通过海路来的。每次都带来各种方物，并得到中国政府"回赐"。中国境内西北部的辽政权也同大食有陆上交通。据《辽史》所载，924年、1020年、1021年、1022年，都有大食使者通辽，其中1022年及1021年都是在同一年内两次通使。民间商船往来，不见于史载者自然更多。

蒙古灭亡西夏、西辽及花剌子模之后，元代时的中、阿交通大开，陆上及海上通道都畅行无阻，但更偏重陆路。1251

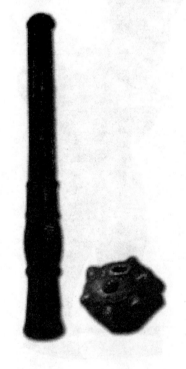

年元宪宗蒙哥即位后，派其弟旭烈兀率
大军第三次西征。一度中断的陆上丝绸
之路，是借蒙古贵族指挥下的武装力量
强行打通的。1252年旭烈兀又征讨西域
素丹诸国。1253年，旭烈兀与兀良哈台等
率兵征讨西域哈里发、八哈塔（巴格达）
诸国。1258年元将郭侃等攻占八哈塔，阿
拔斯王朝至此灭亡。蒙古军继续前进，攻
占美索不达米亚，1259年进入叙利亚，逼
近埃及，因蒙哥汗逝世，遂班师。1260年
忽必烈即汗位，旭烈兀受封，在他所征服
的地区建立伊儿汗国，东起阿姆河，西濒
地中海，北达高加索，南至印度洋。

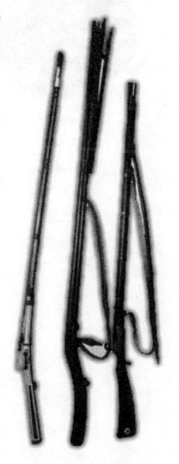

　　蒙古西征的结果，客观上开辟了中
西交通之路，促进了中西文化交流。从这
时起，中国和阿拉伯、欧洲诸国有了更多
的接触。在伊儿汗国统辖下，陆上丝绸之
路沿途设驿站由马递传邮，信息的传递
也很快。在西征过程中，大批中国工匠、
医生、学者和操纵火器的士兵也到达西

方。

2.火箭进入阿拉伯

火箭技术在南宋发明以后首先在中国境内各地推广，成为军队和远洋商船的必备武器。利用火箭原理制成的烟火，则成为各地节日期间或集会、仪式常用的娱乐助兴的用品。随着中国对外交通贸易和科学交流的开展，火药和火箭技术也随着有关实物的流出而外传。火药和火箭技术首先由中国境内向西传播，而西传的第一站就是阿拉伯。

在阿拉伯帝国倭马亚王朝和阿拔斯王朝中期以前，那里还没有火药。阿拉伯军队早期军事装置除弓弩刀矛等常规武器外，常用的重型武器是抛石机，利用机械力将石块投向敌方。阿拉伯抛石机来自波斯，波斯又来自古希腊。在火攻中，阿拉伯人用抛石机将纵火球抛出，火球内含沥青。据帕廷顿考证，阿拉伯人第一次用纵火箭是712年入侵印度时投射的。阿拉伯人在十字军东征期间再次使用纵火器。在1097年及1147年的征战中，曾使用由沥青、蜡、油脂和硫的混合物构成的纵火剂。

在同拜占庭的战争中，阿拉伯人掌握了

希腊火药的技术秘密，但他们掌握火药的制造技术却是在较晚时期，主要因为他们不知道硝石及其在军事上的应用。阿拔斯王朝后期几个哈里发在位时，阿拉伯才有了关于火药的记载。这显然是直接从中国传入的。火箭是尾随火药的西传而引入阿拉伯的。阿拔斯王朝被蒙古军灭亡后，阿拉伯大部分地区归蒙古贵族旭烈兀建立的伊儿汗国所统辖，这就有了火药和火箭技术从中国直接传入阿拉伯的社会条件。从这时起，阿拉伯人才真正认识并掌握了制造火药、火箭的技术。

火药、火箭传入阿拉伯与造纸术的西传有某些类似的经历，所不同的是，造纸术是751年唐代军队与阿拔斯王朝军队在中亚的怛罗斯交锋时，由被俘的中国士兵传到阿拉伯的，而火箭术则是由开赴伊儿汗国的中国士兵、工匠直接传授到那里的。从历史进程来看，火箭术的西传和

造纸术一样，总是实物传播在先，技术传播在后。不同的是，火药、火箭的西传进程可能分几个阶段，经由陆路和海路两个途径。首先是海路，通过来往于中国和阿拉伯之间的贸易商贩、旅行家、工匠和学者的技术情报沟通。南宋以来中国和阿拉伯海上交通相当频繁，中国各地居住或往来的阿拉伯人很多，他们看到过节日的烟火，听到过火药的爆炸声，接触过火药制成品，甚至目睹过火箭的发射，从而把这些见闻传到阿拉伯。

南宋通往大食国的中国海舶都备有自卫武器，船上有弓箭手、盾手和发射火箭的射手多人。《元典章》云，船上武器在贸易结束后须呈请官库保管，下次开航时再予发放。巴图塔生于北非摩洛哥的丹吉尔，曾在亚、非、欧三洲旅行。其游记所述中国商船载有火箭等火器以自卫，当为南宋以来的定制。阿拉伯人从南宋以来通过海上贸易渠道从中国得知火

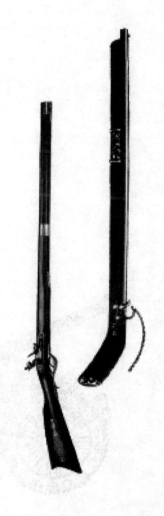

药及火箭的知识，是很有可能的。

蒙古军沿陆路西征时，直接在阿拉伯境内战场上使用火箭、火炮。据波斯史学家拉施德丁记载，1258年蒙古军在郭侃率领下攻占阿拔斯王朝首都八哈达时使用了火箭，即将火药筒绑在枪头上的武器。从1234年蒙古灭金后，开封府等地库存火箭、火炮及守军中的火箭手、工匠等，尽为蒙古军所有，并立即编入蒙古军之中。后来历次西征时，这些火箭手也随大军西进，并在阿拉伯地区驻扎。因而元初时通过陆路将火药和火箭知识由中国直接传入阿拉伯，也是很有可能的。

（二）火箭在欧洲的传播

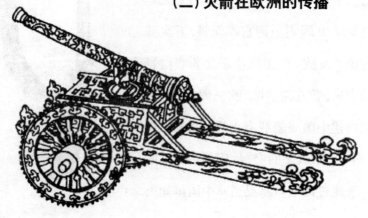

1.火箭传入欧洲的媒介

中国火药和火箭技术是在蒙元时期通过阿拉伯传入欧洲各国的。中欧交通由来已久，汉代史学家班固在《汉书》九十六卷《西域传上》提到黎轩的魔术家曾"随汉使者来观汉地"。据专家考证，"犁轩"或"黎轩"泛指罗马帝国的殖民地。范晔在《后汉书》一百一十八卷《西域传》中提到东汉都护班超出使西域时到过条支，再派甘英西行使大秦，因遇地中海海风而阻，大秦就是罗马。《旧唐书》一百九十八卷和《新唐书》二百二十一卷都载有拂菻国，谓乃古之大秦。可见，在那样早的年代里，中国货

物已通过波斯运往罗马帝国。

中、欧同是世界上东西两个文明中心，但相距遥远。中、欧在陆路上并不接壤，中间有波斯和阿拉伯相隔。在海路上，古代双方的船队也难以直接到达对方港口，因为中间隔着地中海、阿拉伯半岛和北非，因而古代中、欧间的直接交往有地理上的障碍。中国人到欧洲或欧洲人来华，无论陆上或海上，总要经过中间地带的一些国家，因此要克服各种障碍。然而，双方还是有时断时续的相互往来。在这方面，阿拉伯起了重要的中介作用。火药和火箭技术像其他技术和技术产物一样，就是经过阿拉伯从中国传到欧洲去的。

十二、十三世纪时，中国北部蒙古部

落中出现了一位杰出人物铁木真，即成吉思汗。他很快统一了蒙古诸部，1206年建立蒙古汗国。蒙古势力的崛起及其对外的军事扩张，扫清了从中国经中亚通向欧洲的陆上通道。1218年蒙古灭西辽后，1219年成吉思汗带领术赤、察合台、窝阔台和拖雷四子发大军分四路西征。借口中亚的花剌子模杀害了蒙古队商和使节，进攻花剌嘛子模。第一路军为先导，由察合台、窝阔台率领，攻下锡尔河右岸的兀答剌儿。第二路为左手军，由塔将指挥。第三路为右手军，由术赤领兵，分别攻占锡尔河沿岸各城。三军会合后，再合攻阿姆河西岸，占领花剌子模旧都玉龙杰赤。

蒙古在西征的同时，也在酝酿灭金的准备。成吉思汗死后，其三子窝阔台于1229年即汗位。1234年灭金，金都南京（开封）等地的工匠和火箭、火炮等火器尽为蒙古所有，有的火箭手还编入蒙古军

中。后来，在1235—1244年蒙古贵族发动了第二次西征，由成吉思汗的四个孙子率领。1237年，蒙哥（拖雷子）首先将军队开入钦察，大将速不台领兵北征，占领伏尔加河一带，入侵俄罗斯西北，攻陷莫斯科。1238年春，拔都（术赤子）军队至诺夫哥洛德，更取基辅。一另路蒙古军由海都（窝阔台之孙）和拜答儿（察合台之子）领兵攻字列儿（波兰）和马札儿。海都攻入波兰、德意志（元史称捏迷斯），又远至波希米亚（捷克斯洛伐克）。

　　1241年，蒙古军在波兰境内的莱格尼查战败波、德联军。在这次战役中，据西史记载，蒙古军首次在欧洲境内使用了火箭。蒙古军攻下莱格尼查后，转向匈牙利。拔都攻下匈牙利帛思忒（今布达佩斯）。会师后，拔都又率军渡多瑙河，再分兵赴奥地利和意大利，同时掠及塞尔维亚和保加利亚。时值大汗窝阔台讣闻至，乃班师东归。

蒙古贵族西征的结果，给所到之处的各国带来灾难，但在客观上也开辟了中西交通之路，促进了中西文化交流。从此，中、欧之间有了直接交往，双方使者、商贩、学者、工匠、游客相互访问。

2.火箭传入欧洲

13世纪前半期，蒙古军在欧洲战场上已使用火箭。欧洲人对这种"火龙"印象极深，极力想掌握。当蒙古贵族建立钦察汗国和伊儿汗国后，欧洲人就有更多机会同掌握这种火药和火器的人打交道。后来在历次十字军战争中，欧洲人又从阿拉伯人那里领教了火器威力，这也为他们获得这种技术提供了另一来源。13世纪中叶以后，阿拉伯人关于火药和火箭的著作已译成拉丁文，很快被欧洲有学问的人注意。在法国讲学的英国人培根和在德国教书的阿贝特，作为欧洲人最先接受并初步了解了这方面的知识。阿贝特所说的"飞火"，就是中国南宋时的

"起火"，即按火箭原理制成的娱乐品或金人的火箭武器"飞火"。而宋人的霹雳炮也是火箭武器，就是阿贝特所说的"响雷"（培根笔下的"儿童玩具"），无疑是宋代的纸炮。可见，蒙古军在欧洲战场上使用火箭武器后的三十年左右时间内，欧洲思想敏锐的学者已将火药和火箭有关知识作为"新奇事物"或"最新发明"而载入其著作之中。可以说13世纪中叶以后是中国火药和火箭技术传入欧洲的最早时期，在时间上略迟于阿拉伯，但传递速度相当快，这是因为欧洲有尽快掌握火器的紧迫感，否则他们就处于被动挨打的境地。先进武器只要用之于战场，就会引起对方的注意。而任何一个国家总不能长期垄断武器的秘密，迟早会被别的国家效仿。古代的火箭如此，其他火器也是如此。当欧洲人掌握了火药和火箭技术的初步知识后，便开始从事许多实验研制工作，结果在欧洲一些国家先后

出现一批利用当地火药为发射剂的早期火箭。

马可·波罗的故乡意大利，13世纪时，其北面和东面隔地中海与北非的马木留克和蒙古的伊儿汗国相望。当时意大利南的地中海是东西方交通和贸易的场所，也是物质文化交流和人员往来的枢纽。因此，欧洲人最早应用火箭的记载出现在意大利文献中就毫不奇怪了。欧洲语中"火箭"一词也是首先以意大利语形式出现的。根据18世纪意大利史学家穆拉托里对古意大利文手稿记载的研究，1379—1380年，两个自由城市的热那亚人和威尼斯人之间，为争夺海上贸易，在基奥贾岛上的要塞附近发生一场激烈的争夺战，在这次战役中发射了火箭。

与火箭有关的欧洲烟火制造技术，
也是在意大利最先出现的。佛罗伦萨人
和锡纳亚人都精于此道。意大利许多地
方都定期表演大型烟火。从中世纪起直
到17世纪末，意大利一直在欧洲烟火制
造中占据优势。在方丹纳的《兵器录》
中，提到了阿拉伯、波斯和马木留克人的
武器以及火箭在水战中的应用。还介绍
了"人造鸟"内装纵火剂，张开两翼飞向
敌方，颇有点像茅元仪《武备志》等中国
兵书中所述的"神火飞鸦"。方丹纳还谈

到喷射车,借反作用原理将四轮车推向前方。意大利人方丹纳的这部兵书同培根、阿贝特的作品的不同之处在于他讨论的火箭是欧洲造的,而且用于实战;而培根、阿贝特叙述的火药和火药制品都是来自传闻或文献。

西班牙由于一度是阿拉伯哈里发的领地,因而较早地掌握了火药和火箭技术。1262年,西班牙的卡斯蒂利亚和莱昂国的国王阿方索十世在尼布拉战役中就使用过火药;阿拉伯人于1324年在西班

牙东北部的韦斯卡战役中使用了火器。据目击者本·胡赛尔说，这种武器在空中像电闪雷鸣；1331年，在西班牙境内的阿里坎特战役中，摩尔人也使用了火炮；法国人在1429年将火箭用于保卫奥尔良的战役。1449年，又在蓬安德默战役中再次使用火箭。

在中欧一些国家中，德国在1241年最先受蒙古军火箭袭击，这使德国人对火箭技术相当注意。他们以大圣阿贝特最早在欧洲明确记载火药和火箭装置而感到骄傲。但德国自己制造火箭似乎没有意大利起步早。德国军事工程专家凯泽尔在《战争防御》书中谈到军用武器纵火箭、烟火、火箭、炸弹、火炮等等。这方面的知识可以说都是来自阿拉伯文写本，因为书中插图上的人物穿着阿拉伯式的衣服，而不是欧洲人的打扮。书中的火药配方是引自阿拉伯人的《焚敌火攻书》，火药成分除硝、硫、炭外，还有砒霜、雄黄和石灰，这与中国火药方是一致的，但阿拉伯人的配方中还有汞。凯泽尔提到的"飞龙"是用绳子绑在火药筒上，"飞

"龙"药料成分中也含有油质物。而书中的"飞鸟"类似中国的神火飞鸦。

东欧的波兰同中欧的德国一样，也在1241年遭遇了蒙古军火箭的袭击。15世纪的波兰史学家德鲁果斯，拉丁名约翰·隆基努斯的巨著《波兰史》中描述了1241年波兰境内莱格尼查战役中蒙古军用"火龙"射向波兰骑士的情景。此书出版于1614年，以史料的精确而著称。史学家笔下的火箭武器装饰有龙头，喷出火焰和烟，使波兰军队无法战斗。根据弗罗茨瓦夫城军事建筑师赛比什在1640年完成的描述莱格尼查战役场面的组画，蒙古军使用的是集束火箭，火箭筒下有喷管。这相当于《武备志》中介绍的"长蛇破阵箭"和"神火箭屏"。这类集束火箭的发射箱外面通常画着龙头，可见蒙元时中国这类火箭已用于欧洲战场。

13世纪前半期，蒙古西征时到达欧洲的第一个落脚点就是俄罗斯。据波斯史学家志费尼于1260年写的《世界征服者史》的记载，1237年蒙古军"抵莫斯科城，架炮攻之，破其城谍，围之数日，城中人乃开门降"。因这次攻城使用了火炮，蒙古入侵使俄罗斯遭到破坏，技术发展暂时停顿。后来蒙古在俄罗斯境内建立钦察汗国（又名金帐汗国）后，生产开始恢复，俄罗斯人也有机会掌握火药技术，但是俄国火箭的制造要晚于西欧国家。俄国人喜欢焰火，常在节日时点放。当彼得一世1721年遣使来华时，中国康熙皇帝请沙皇使臣一行在宫内观看由火箭发射的烟火，并将两箱中国火箭交与使节带给沙皇作为礼物。在彼得时代，俄国人才真正重视火箭的制造。1680年，彼得下令在莫斯科成立"火箭营"，由他亲自监督

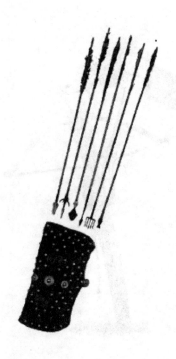

这项工作。当时制造出了0.45公斤重的信号火箭，升空1千米，即所谓"1717年型"的信号火箭，在俄国一直用到19世纪，直到扎萨基克这位技师从事研制工作之后，才制造了最早一批俄国的军用火箭。此后，火箭在俄国得到进一步完善。

由于地理位置的关系，英国人掌握火箭的技术晚于欧洲大陆。尽管英国人罗哲·培根对火药及其应用很早就做了报道，但这是他旅居法国时才得到的科学情报。虽然英国与欧洲大陆有一海之隔，但毕竟与欧洲大陆各国有密切交往。16世纪后半期，由火药制成的烟火在英国盛行起来。1572年，当英国女王伊丽莎白一世巡视沃里克附近的坦普尔场时，沃里克伯爵兼炮兵总监，用烟火、爆仗欢迎女王的光临。从这以后，英国文献多次提到用火箭庆祝重要事件。

1805年，康格里夫火箭研制成功，但发现纸制火箭筒不适合，遂改用铁筒，

并将导杆缩短以求平衡。1806年10月，英

法作战时，英军在法国境内的布洛涅用

十八艘战船在半小时内发射两百多支内

装3磅（1.36公斤）火药的康格里夫火箭，

射程达二千三百米以上，使法军惊慌失

措。1807年，英军又用这种火箭攻击丹

麦首都哥本哈根，发射了四万支火箭和

六千枚炸弹，使这座城市遭到严重破坏。

康格里夫火箭是从中国传统火箭脱胎出

来的一种经改进的新式火箭，是欧洲从

14世纪以来开始的火箭发展

史的一个总结，也标志着近代

火箭发展的开端。英国在发

展火箭方面一度在欧洲属于

后进，但自从康格里夫火箭用

于实战之后，欧洲各国，如法

国、丹麦、德国、奥地利和俄

国等都加强了对新式火箭的

研制，结果使欧洲火箭从此

进入了新的发展阶段。

（三）火箭在东亚、南亚、东南亚的传播

中国是亚洲国家，自古以来就和周围各国保持着陆上和海上的交往，火药和火箭技术多是直接从中国传入亚洲各个地区，而无需中间媒介。

1.火箭对南亚的影响

中国和印度同是古国，从汉代以来两国就不断相互往来，进行着多方面的物质文化交流。到了蒙元时期，蒙古统治势力远达西方，那时中印之间无论在陆上或海上都有密切的交往。在陆上，蒙古的伊儿汗国直接与印度西北部接壤，而海上的交通尤为频繁。中国的火药和火箭技术就是在这个时期传入印度的。

　　印度人最初接触到火药是在成吉思汗第一次西征之时。1219年，成吉思汗借口中亚国家花剌子模杀害蒙古队商和使节，率大军西征。1220年春，蒙古军攻克花剌子模重镇，又陷该国旧都玉龙杰赤，时花剌子模国王阿剌丁·摩诃末逃至里海小岛，忧闷而死。其子札兰丁嗣位，于今阿富汗境内的哥疾宁与蒙古军激战，被击溃。蒙古军哲别、速不台率部乘胜追击札兰丁残军，直抵印度河。1221年冬，札兰丁无处可退，乃泅水渡至彼岸，1222

年春在印度西北部聚残部再次抗击。蒙古军渡印度河穷追，进军至今巴基斯坦境内的木尔坦、拉合尔等地和印度北部。札兰丁再西退至德里。蒙古军进军至中印度，因不耐炎热而班师。

蒙古军这次西征的主要目标是花剌子模，灭其国后又追击其新主札兰丁，因而挥军南进，经阿富汗、克什米尔和西巴基斯坦，到达印度北方诸邦，几至德里附近。蒙古军除用常规武器外，还在这次战争中使用了火药武器。蒙古在这次西征中用火箭攻占花剌子模重镇撒马尔罕，郭宝玉率领的火箭营也至印度境内参加追击札兰丁残部的战役。1221—1222年，速不台、哲别和郭宝玉大军在北印度追击札兰丁时，首次在那里使用火箭等火器，也是当地居民第一次目睹火箭发射和火药的威力。这决定了印度、巴基斯坦境内第一批火药和火箭出现的时间上限。由于蒙古军迅即班师，所以当时还没来得及把这方面的技术传到印度。但到13世纪以后，这种可能性出现了。

由于蒙古三次西征的结果，在西部先后建立了察合台、钦察和伊儿三个汗国，在东方又于1279年灭了南宋，建立了庞大的蒙古帝国。在巩固内外统治后，大汗决定在帝国势力范围内广泛发展陆海贸易。中印之间的交通也因之更加频

繁。除从伊利汗国在陆上直接和印度交往外，还以泉州、广州等港口为基地发展海上交通。中国远洋船队经常出入印度南部口岸，这些地方也是中国与阿拉伯、欧洲贸易通道的必经之地和转运站。据不完全统计，从1273至1296年间，元朝廷派往印度的使团至少有十四次。每次都率舰队随带携有火器的卫兵，技师、医生和大量中国物资前往，人数达数百人，着岸地点在马八儿、俱蓝、答纳等地。《元史》二百一十卷《外夷传》云："海外诸番国，惟马八儿与俱蓝足以纲领诸国，而俱

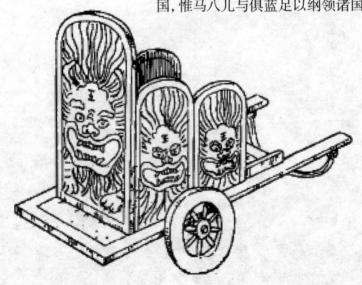

蓝又为马八儿后障。自泉州至其国约十万里。"

当时中国外贸进口货物主要是珠宝、棉布、香料、药材、皮货等，出口货物主要有金属和金属制品、瓷器、丝织物、漆器、茶、药材、日用品、玩具以及硝石、武器等。中国火药和火箭技术在印度，正如在其他国家一样，是通过人员往来而传递的。13世纪以后，中印之间人员往来频繁。1221—
1222年蒙古军首次携带火箭等火器进入
印度北部和西北部。此后在德里苏丹国
的奴隶王朝时期也遭到蒙古军的侵袭。
忽必烈时期，中印海上交通发达，双方使
者、商人、工匠、技师和游客频频互访。
正是在这种情况下，从13世纪中期以后，
火药和火箭知识通过陆路从中国传到印
度西北部、巴基斯坦北部，又通过海路
传到印度半岛南部。

　　像中国一样，印度早期用火药为原
料借火箭原理制成的用品也是烟火，供
统治者娱乐之用。16世纪后，印度出现了
军用火箭。1565年在塔利科塔战役中，
维查耶纳加尔国的军队点燃火箭攻击对
方，但似乎未收到战术效果。在莫卧儿王
朝初期的著名皇帝阿克拜尔在位期间，
印度军用火箭得到进一步改进并大量生
产。1572年，阿克拜尔率军出征古吉拉特
时，使用了火箭。有一支火箭落入荆棘丛

中着了火，又

发出巨响，使敌人的

战象惊慌而导致溃败。

　　自从16世纪初印度出现军用火箭以

来，至17世纪已扩展到各地，使用军用火

箭的有穆尔加人、迈索尔人、马拉萨人、

锡克人、维查耶纳伽尔人、那加人、戈尔

康达人、斋浦尔人等等。在18世纪，印度

军用火箭又有了进一步的发展。如果说

先前的火箭是用于内部战争，那么这时

还用于反抗外国侵略。因为这时英、法相

继入侵印度，互相争夺土地。当英军打败

法军后，侵占许多印度领土，并进而企图吞并整个印度。在英、法军队入侵的过程中，遭到印度人民的抗击，他们用火箭对付侵略者。1750年9月，法国帕蒂西耶侯爵率领的小股部队在南印度遭到火箭的袭击。1753年，英国劳伦斯少校的军队也遭遇到印度火箭的袭击。1757年，西孟加拉的普拉西人也使用火箭与英军作战。

2.火箭在东亚的传播

我们所说的东亚，主要指朝鲜和日本。朝鲜和中国是只有一江之隔的东亚古国。中朝自古以来就在政治、经济和文化方面有密切的交往，历代持续不断。可以说朝鲜火器是中国火器的直系。在中国失传的火器，有时可在朝鲜传世遗物中看到，如南宋时爆炸武器震天雷，还可在朝鲜古物中见到其遗制和详细构造。

10—13世纪，即宋、金和蒙元时期，是中国火药、火器迅速发展和普及的时期，这时正值朝鲜史中的王氏高丽时代。王氏高丽同中国境内的上述三个政权都有往来。后来在14世纪的中国元、明之际，又同明代建立了联系。火药和火箭技术就是在王氏高丽时传入朝鲜的。

王氏高丽的创立，结束了后三国时高句丽、新罗和百济三个政权鼎立的局面，于936年统一了朝鲜半岛全境。时值中国的五代十国时期。这时中国还没有将火药付诸实际应用，朝鲜也不可能有火器。因此契丹三次入侵朝鲜，所用的可能还是

常规武器。在王氏高丽后期，蒙古兴起于中国漠北，在同宋、金的战斗中掌握了火炮、火箭、喷火筒和炸弹等火器技术，再借其骑兵的优势，得以西征东伐，扫荡欧亚大陆。

1231—1232年，蒙古攻金都开封府之际，借其使节在高丽境内被杀，遂出动大军压入高丽境内。但遭到当地军民的奋力抵抗。在龟州（今龟城）战役中，蒙古军使用火炮攻城，在镇压了当地农民组成的武装军后，攻占高丽京城（开城），高丽王逃至海岛。蒙古以武力迫使高丽沦为属国。1260年，忽必烈汗派兵护送亲蒙的高丽王子王植从大都（今北京）返国即王位，奉蒙元年号。蒙古贵族又在那里设达鲁花赤以监督其内政。1274年王植死，子昛即位，纳忽必烈汗之女为妻，进一步依附于蒙元。此后高丽上层贵族纳蒙古宗女为妻，通蒙古语，易蒙古名，着蒙古服饰，较为普遍。1280年，蒙元借征倭之名，在高丽境内设征东行省，直属大汗节制网。高丽士兵学会了掌握火

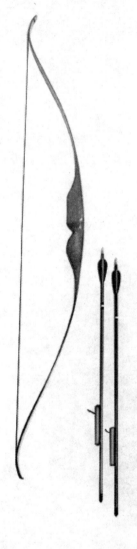

器技术，但火药和火器主要由元政府调拨。

1279年南宋被灭后，大批中国人来到高丽定居，南方沿海各地也不断有商船前往高丽开展贸易活动。数以万卷计的中国图书运往高丽，其中包括兵书。高丽工匠又根据中国发明的活字印刷术原理，铸成金属活字，印成书籍。大批高丽僧人、留学生、商人和使者也在宋、元时期前来中国，这就形成了双方技术文化交流的有利条件。元朝以后，中、朝在陆上和海上交通畅行无阻。高丽军队也用元政府调拨的火器装备起来。但王氏高丽后期，当恭愍王王祺在位时，倭寇（日本海盗）在沿海频繁滋扰，登陆后进行掠夺，造成境内不安。

高丽王单靠元政府接济军火已不足应付需要，而这时元朝已面临灭亡前夕，自顾不暇。因元末各地农民军揭竿而起，蒙古贵族政权被打得焦头烂额。以朱元

璋为代表的农民军1353年起义后，因得火龙枪、火箭等火器，装备愈益精良，一时席卷四方。1368年，朱元璋即位于金陵（南京），国号为明，建元洪武，是为明太祖。同年八月，明军攻克元大都，结束了蒙古贵族的统治。洪武元年，明太祖遣使从海路持玺书至高丽王京都开城。1369年王颛也遣使来明廷表贺，朱元璋遣符玺郎锲斯持诏及金印诰文，封颛为高丽国王。燕京攻克后，中、朝陆上往来又得到继续发展。朝鲜需要明政府给予军事援助，以对抗倭寇入侵。这些要求得到了满足。从1370年起，高丽境内改用明朝年号"明"。明初对火药、火器控制极严，但肯于向王撷政权赠予大量军火。

王氏高丽时，武器生产与调拨归军器监，1377年新设火桶都监后，把火药、火器部分从军器监中划出，由三品官主其事。李朝时，除军器监外，另有司炮局，似乎相当于前朝的火桶都监，由王廷内官主持，后又统归军器寺。《李朝实录》中有关于火药、烟火、火箭、火炮等方面

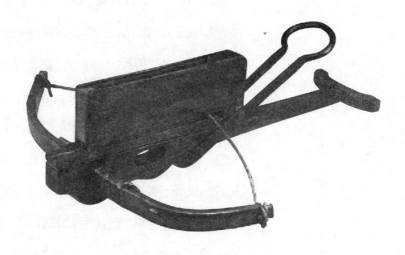

的丰富史料。1433年，世宗李裪至京城东郊，观放火炮。因前命军器监新作"火炮箭"，一发二箭或四箭，试之，一发能放四箭矣。这种"火炮箭"即明永乐时神机营中掌握的神机火箭。现在看来并非真正火箭，而是将发射药放入药筒中，药力通过"激木"（中国叫"木送子"）的冲力将箭发出。但明代是一发一箭或三箭，此处朝鲜试行一发二箭、四箭，也获得成功。

日本是与中国隔海相望的近邻，两国自古就有持续不断的往来。在元代以前，两国间不曾以兵戎相见。元世祖忽必烈即位后，从高丽人那里得知可通往日本，遂几次遣使持国书东渡，均未受到理睬。帝怒，遂决定在1274年灭南宋，同时出兵征日本。当时正值日本史中的镰仓幕府时期。至元十年，忽必烈命屯戍王氏高丽的凤州经略使忻都和高丽军民总管洪茶丘，率屯戍军、女真军和水军一万五千人乘三百艘战船越海入侵日本。另一路军由蒙古元帅忽敦和高丽都督金方庆率领，由合浦出发攻对马岛，再转攻日本北九州附近的壹岐岛。总共三万余众。在占领上述二岛后，进兵至博多湾。日本方面

出动十万人迎战。元军虽人数居于劣势，但赖有火药武器，用火炮和炸弹等打败日军。但因北兵不习水战，加之海上远征劳累，又缺乏后勤支援，兵疲箭尽，复遇海风，不敢冒进，于是仓促撤兵。

至元十八年（1281年），忽必烈汗又以日本杀元使节为由，再派十万南宋新附军，由范文虎率领第二次东征日本。一路由忻都、洪茶丘领蒙古军、高丽军和汉军四万从高丽渡海，另路由范文虎带新附军乘船从中国境内的庆元、定海放帆。两路大军期以于六月会师于壹岐岛。忻都、洪茶丘所领蒙、鲜、汉军在壹岐岛以猛烈炮火击败日军。但后来军中疫病流行，士气低落。两军会合后又遇海上飓风，许多战船被毁，士兵溺死者无数。范文虎等少数人得以逃生，余众或被日军杀害，或沦为奴隶。在欧亚大陆横行无阻的蒙元远征军本不习水战，而日本又地处大洋之中，两次东征均不成功，给中、朝、日三国人民带来很大损失。忽必烈虽有第三次东征日本的计划，终因力不从

心，也只好罢兵。

然而，元兵在日本的作战，却使那里的武士阶层受到很大震动，他们被前所未见的火药爆炸力吓得惊慌失措。从这以后，日本武士多方想从朝鲜那里了解制造火药和火器的技术秘密，引起朝鲜当局的警惕，下令沿海各道，严防将火药秘术外传。至今沿海各官煮硝宜禁之。这些命令在一段时期内收到了预期效果，使日本制造火药和火器晚于亚洲一些国家。元代统治者意识到，单靠武力无法使东

部大洋中的岛国日本屈服，于是转而允许
与之通商。日本对华出口物资中以硫磺为
大宗，元明以来日船常满载硫磺在庆元
等地卸货。1903年一次就卸下硫磺一万
斤。无疑，这些"倭硫磺"成为中国制造
火药的主要原料，满足了沿海各省对硫
磺的部分需要。明时进口日本硫磺是那
样多，以至当时有人竟误以为"中国本无
硫"，这当然是不妥之论。

　　从13世纪以后，九州和濑户内海沿岸
的日本武士和地方豪绅，为求得财富，分

别来中、朝进行贸易，获得很大利润。但他们有时伺机掠夺沿海居民，因而变成海盗，被称为"倭寇"。他们并不代表本国朝廷，却有时冒充"使者"。中国沿海也有人与之勾结，从事走私活动。在这过程中，倭寇已掌握了火器。16世纪以后，中国东南沿海成为他们侵袭的对象，引起朝廷的不安。

从1543年以后，火药和火器才在日本逐步发展起来。但比起朝鲜、阿拉伯、印度和欧洲来说，已算晚矣。甚至到16世

纪，日本还没有制造出火箭。日本地处大海之中，与别国没有陆上接壤，靠这有利地形可免蒙元军队大规模入侵，但也因此阻止了火药和火箭技术的交流。

与火箭有关联的烟火技术，在日本也发展得较晚。烟火在日语中叫"花火"，较早的记载是织田信长的日记体著作《信长公记》，其中提到天正九年辛巳一月八日在幕府放爆竹的事。稍后，三浦净心在《北条五代记》中提到天正十三年八月在北条氏与佐竹作战后，于夜间点花火慰问将士。记录德川幕府早期政事的《骏府政事录》中，叙述了庆长十八年八月在御前由唐人表演花火。《宫中秘策》也有同样记载：是岁八月，蛮人善花火者，自长崎至骏府。六日，太公监观花火。

由于日本武士的习惯是使用火枪和火炮，所以他们的军用火箭看来出现得较晚。17世纪20年代，制造出名为"棒火矢"（棒火箭）的武器，从外形和构造来看，很像是火箭。它分为二十目、三十目、五十目和一百目四种，最大射程为

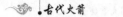

二千一百八十米。火箭技术在江户时代的日本，没有得到足够的发展和重视，反而枪炮较为发达。这也许反映出日本火器发展的特征。

3.火箭在东南亚的传播

中国很早以来就和东南亚各国有陆上或海上交通，互派使节和相互贸易，在这方面有不少历史记载。但当我们研究中国火药和火箭技术在东南亚的传播时，有关史料并不太多。首先可以假定，火药和火箭技术在这个地区的传播路线是沿着贸易路线进行的。这与实际情况应当是没有多大出入的。其次可以说，传播的时间可能发生在元代或明初。因为在这个时期内中国有两次与这个地区发生交通和技术交流的大规模行动，即蒙古军的入侵和郑和出使西洋。

　　蒙古军入侵越南和缅甸等国的过程中，正如他们在欧洲那样，把火药和火器传到了这些地方。越南古称交趾或安南，在陈朝时期，蒙元贵族三次派大军南下进入安南境内。1252年，忽必烈和兀良哈台率三万军队攻占大理（云南省境内），为灭南宋扫清道路。试图由云南进入安南，再由此北上，与北方南下的蒙古军会合，夺取长江流域各省。1258年，蒙古军三万人沿红河进入越南，攻占了陈朝京城升龙（今河内）。因为那里天气炎热，又加上粮草供应不济，而蒙古统治者又忙于灭宋，所以不久便退兵返滇。1260年，忽必烈即大汗位，改国号为元。1279年南宋亡于蒙元。1282年元兵从海路进攻占城。以上是第一次安南用兵。第二次南征始于

1285年，由忽必烈之子脱骥率几十万军队经谅山进入越南，攻占其京城升龙。至同年夏，士兵患病者甚多，并遇到抵抗，又退。第三次在1287—1288年由五十万元军分水陆合攻安南。以上三次南征人数都以数万或数十万计，携带火箭、火炮、喷火筒和手掷炸弹等火器。火药和火箭技术就是在这时传过去的。越南陈朝的创立者陈日照本为福建长乐人，后移居安南以渔为业。安南贵族多汉姓，如陈、黎、

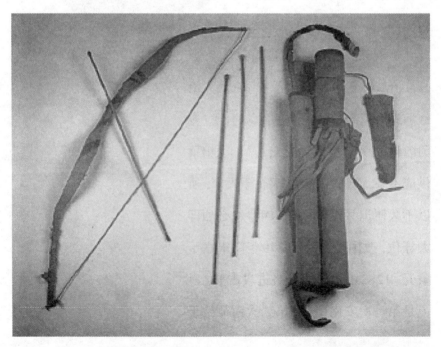

丁、李等，皆通汉字。自从蒙元进兵以来，迫使陈朝接受元朝册封为王，并设达鲁花赤作为监察官。同时在陆上边界一带设互市场，也在海上展开频繁的往来和贸易。陈朝统治者认识到火器在战争中的重要性，因此至迟在陈朝末期，越南已学会制造火药和火炮等火器。在中国，朱元璋于1368年推翻元朝后建立的明朝，继续与越南南方和北方保持交往。明初洪武四年，明廷向占城王调拨不少武器，其中自然包括各种火器。

明初永乐四年，明成祖又派朱能、沐英、张辅为征南将军，率大军进攻安南，兵士随带火锐神机箭作侧翼包围时用，专门对付当地的象阵。《明史》八十九卷《兵志》称，京军设五军营、三千营和神机营，合称三大营。而神机营专司火器操演及随驾护卫。已，征交趾，得火器法，立营肄习。《武备志》云：此即平安南所得者也。箭下有

木送子，并置铅弹等物。其妙处在用铁力木，重而有力，一发可以三百步。这种武器是金属筒，下部装发射药，再上是木送子，木送子上放置箭。点燃发射药后，推动木送子，再把箭推出。从构造原理上与枪炮类似，所不同的是以箭代替弹丸。

中南半岛上的柬埔寨与中国交往的历史也很悠久。中、柬两国在元代以来的海上贸易相当活跃，使者、商人往来不绝。柬埔寨在13世纪从中国引入火药和火箭技术，为了制造火药，柬埔寨还从中

国进口硫磺和硝石。

　　与柬埔寨接壤的泰国，元、明时的史书称为退或退罗，是中国同印度、阿拉伯海上贸易通道的必经之处。中世纪中南半岛上的柬埔寨、泰国和越南等国，在除夕和新年（春节）期间有点放烟火、爆仗的习俗，后来一直保留着。金边和曼谷的王宫每年除夕都放鞭炮以驱邪。泰国是否将火箭用于军事目的？泰国人在1593年同柬埔寨交战时使用过火箭。因此同样可以猜想到，泰国人也同样掌握了这种

武器。缅甸与中国云南交界，其火药和火
箭技术也是在元明时从中国传入的。19世
纪时，缅甸人民曾用火箭武器抗击过英
国军队的入侵。

中国与印度尼西亚的交通也有很长
的历史。南宋灭亡后，不少宋代遗民渡海
来到印度尼西亚，把较先进的生产技术
带到那里，同当地人民一道在开发经济
方面作出了贡献。火药和火箭技术传入印
度尼西亚的具体年代，目前没有足
够史料可资断定。但十三、十四
世纪已有了这种技术传递
的可能性。